金属アーク溶接等作業者の

JN121362

マスク
フィットテスト

フィットテストの実施から
記録までがわかる！

1 フィットテストって何？

2 テストの流れ

3 テストの方法

4 記録

中央労働災害防止協会　編

本冊子では、「マスクフィットテストとはどのようなものか」について、テストを受ける作業者の方に知っておいていただきたい事項をまとめています。呼吸用保護具の適切な使用のためにご活用ください。

1 フィットテストって何？

金属アーク溶接等作業中に発生する「溶接ヒューム」を吸い込むと、その中に含まれるマンガンによる神経障害やじん肺、肺がん等の健康障害を引き起こすおそれがあるため、従事する労働者は有効な呼吸用保護具を使用しなければなりません。

そこで労働者[*1]が呼吸用保護具を適切に装着していることを確認するため、フィットテストを1年以内ごとに1回実施することが義務づけられました（令和5年4月1日～）。

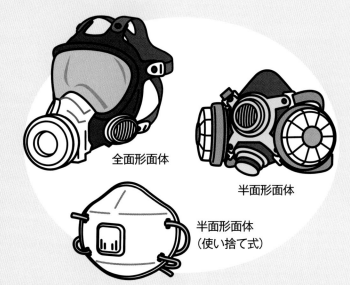

全面形面体

半面形面体

半面形面体
（使い捨て式）

フィットテストとは、計測装置等を用いて呼吸用保護具が顔に密着しているか、漏れ込みがないかを評価する方法です。その方法はJIS T 8150:2021（日本産業規格　呼吸用保護具の選択、使用及び保守管理方法）で定められています。顔面にフィットした保護具を選んでいるか、正しく使用できているかを確認することを目的に行うものです。対象となる呼吸用保護具は、面体を有する呼吸用保護具すべてです。

フィットテストには「定量法」と「定性法」の2種類があります。

定量的フィットテストは、
専用の機器を用いて面体の中と外の粒子の個数を計測し、呼吸用保護具と顔面との密着性の程度を確認します。

定性的フィットテストは、
被験者がフードをかぶり、フードの中にサッカリンなどを噴霧して、甘味成分である味覚の有無で密着性の程度を確認します。

＊1　屋内において金属アーク溶接等の作業を継続して行う労働者

フィットテストとシールチェック(フィットチェック)の違い

　フィットテストは、密着性について計測装置等を用いて客観的に調べることです。これに対してシールチェック(フィットチェック)は保護具の着用者が自分で面体と顔との密着性を確認することをいいます。シールチェック(フィットチェック)は、保護具を着用するたびに行いましょう。

シールチェック
吸気口をふさいで息を吸ったり、
排気口をふさいで息を吐いたり
して息が漏れないか確認する

テストのための面体(テストピース)

　定量的フィットテストでは、テストに用いるための面体(テストピース)を用意する必要があります。必要に応じ計測装置と面体をつなぐサンプリングアダプターおよびサンプリングプローブの取付けや加工を行います。

　使い捨て式防じんマスクの場合は、穴開け加工をするため、フィットテスト後は作業で用いることはできません。また、サンプリングアダプターやサンプリングプローブが付いた呼吸用保護具は作業で用いることはできません。これらの加工ができない面体においては、面体の少なくとも接顔部の形、サイズおよび材質が同一でフィルタ(ろ過材)が取り付けられる面体を模擬面体として利用します。

　なお、定性的フィットテストで使用する呼吸用保護具は、テストを実施するための改造を必要としません。

フィットテスト実施者の資格

　フィットテストを実施する人の資格については法令上の定めはありませんが「実務上、フィットファクタの精度等を確保するためには、十分な知識および経験を有する者が実施すべき」とされ、保護具着用について適切に指導できる者が望ましいとされています。

　フィットテスト実施者に知識と技能を付与する基本教育カリキュラムが厚生労働省の通達[2]で示されており、それに基づいた養成研修[3]の受講が有効です。

実施者が備えておくべきこと

○ フィットテスト方法の知識

○ フィットテスト機器の準備
　およびその動作を観察する能力

○ フィットテストを実施する能力

○ フィットテスト不合格者の
　推定要因を見つける力

*2　厚生労働省通達(令和3年4月6日付基安化発0406第3号)
*3　中央労働災害防止協会

2 テストの流れ

フィットテストは次のような流れで行われます。

フィットテスト準備

☐ **マスクについて**
・フィットテストに適したフィルタの準備
・各種面体サイズの準備および使用面体の確認
・締めひも、給排気弁の状態確認
・サンプリングアダプター、サンプリングチューブ等の準備

☐ **テスト被験者について**
・装着状況確認（シールチェック（フィットチェック））
・喫煙の有無
・ヒゲ等の顔面の密着性低下要因の有無
・メガネ装着の状況の確認

☐ **その他**
・その他に密着性を妨げる要因はないか確認

フィットテスト実施者による説明および観察 ──不良──→ 再チェック

↓良好

テスト方法の選択（4ページ～）
- 定量法
  - 標準法
  - 短縮法
- 定性法

フィットテストの実施

──不合格──→ ・装着方法等の指導（面体変更含む）

←‐‐再テスト‐‐ ・フィットファクタを満足しない場合は面体を有しない呼吸用保護具の選択も視野に入れる

↓合格

フィットテスト結果の記録（6ページ）

フィットファクタ、要求フィットファクタ

フィットファクタは着用者にマスクが適切に装着されている程度を表す係数[4]のことをいいます。測定したフィットファクタの値が、下表の要求フィットファクタの値を上回っていたら合格です。

面体の種類	要求フィットファクタ	定性的フィットテスト	定量的フィットテスト
全面形面体	500	―	○
半面形面体	100	○	○

半面形面体を用いて定性的フィットテストを行った結果が合格の場合は、フィットファクタ100以上とみなす。なお、全面形面体の場合は表に示すように定量的フィットテストを用いなければなりません。

[4] フィットファクタの算出方法は次のとおり。

$$\text{フィットファクタ} = \frac{\text{マスク等}\textbf{外部}\text{の測定対象物質の濃度}}{\text{マスク等}\textbf{内部}\text{の測定対象物質の濃度}}$$

3 テスト方法

1 定量的フィットテスト

　大気粉じんやテスト用に発生させた粒子を用いて、7種類の動作をしながら、計測装置で、マスクの外側と内側の粒子を測ります。

【フィットテストを実施するための準備】

1 ▶ 計測装置とサンプリングプローブをサンプリングチューブで接続
2 ▶ マスクを装着
3 ▶ シールチェック（フィットチェック、密着性確認）
4 ▶ 待機：半面形マスクで約15秒間、全面形マスクで約1分間
　　　（装着時に呼吸用保護具内に入った大気粉じんを被験者の呼吸によって清浄化するため）

【標準の定量的フィットテストの動作】
立った状態で

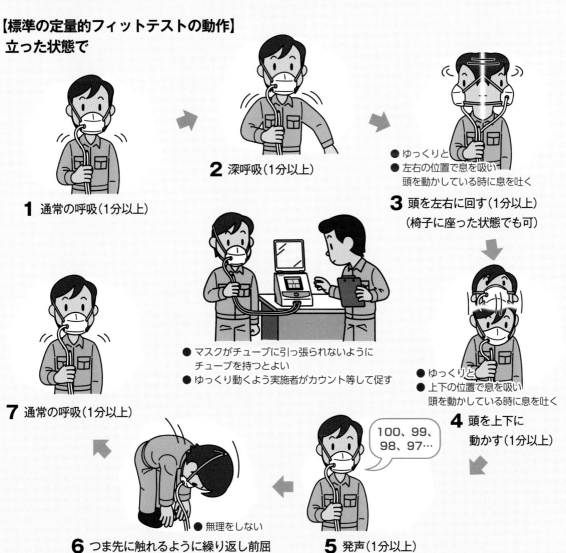

1 通常の呼吸（1分以上）

2 深呼吸（1分以上）

● ゆっくりと
● 左右の位置で息を吸い頭を動かしている時に息を吐く

3 頭を左右に回す（1分以上）
　　（椅子に座った状態でも可）

● マスクがチューブに引っ張られないようにチューブを持つとよい
● ゆっくり動くよう実施者がカウント等して促す

● ゆっくりと
● 上下の位置で息を吸い頭を動かしている時に息を吐く

4 頭を上下に動かす（1分以上）

7 通常の呼吸（1分以上）

100、99、98、97…

● 無理をしない

6 つま先に触れるように繰り返し前屈またはその場の駆け足（1分以上）

5 発声（1分以上）

4

【短縮定量的フィットテストの動作】(測定時間を短縮できる計測装置を使用する場合)

A)半面形マスクおよび全面形マスクを用いる場合

● できる範囲でよい
1 つま先に触れるように前屈して2回呼吸(50秒)

● ゆっくりでよい
2 その場の駆け足(30秒)

● ゆっくりと
● 左右の位置で2回呼吸する
3 立った状態で頭を左右に回す(30秒)

● ゆっくりと
● 上下の位置で2回呼吸する
4 立った状態で頭を上下に動かす(40秒)

B) 使い捨て式の場合

● できる範囲でよい
1 つま先に触れるように前屈して2回呼吸(50秒)

今日はよい天気ですね…
2 発声(30秒)

● ゆっくりと
● 左右の位置で2回呼吸する
3 立った状態で頭を左右に回す(30秒)

● ゆっくりと
● 上下の位置で2回呼吸する
4 立った状態で頭を上下に動かす(40秒)

注)フィットテストの動作を開始したら、呼吸用保護具の装着状態の調整を行ってはいけません。
面体の密着性の調整を行った場合、その試験は無効とし、フィットテストをやり直します。

不合格になったときは

　不合格になった場合は、被験者、保護具、測定方法などいろいろな角度から原因を検討し、改善を図った後に、再度テストしましょう。合格せずに作業をしてはいけません。

被験者

直前に喫煙をしていた

マスクからひげがでている

マスクにめがねがあたっている

保護具

サイズがあっていない

締めひもがゆるい

フィルタがうまく取り付けられていない

測定方法

サンプリングチューブの接続不具合

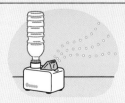
大気粉じん濃度が低い

その他
・面体が変形・硬化している
・排気弁が変形している

② 定性的フィットテスト

　定性的フィットテストは、甘味をもつサッカリンナトリウム（以下、サッカリンという）の溶液または苦味をもつビトレックス（Bitrex®：安息香酸デナトニウム）溶液を用いて、甘味または苦味を感じた場合には呼吸用保護具の接顔部の漏れがあると判定するテストです。

　このテストでは、被験者は呼吸用保護具の面体を着用して頭部を覆うフィットテスト用フードを被り、計画的な時間間隔でフード内にサッカリン溶液（またはビトレックス溶液）を噴霧している間に規定の動作を行い、甘味または苦味を感じるかで判断します。感じなかった場合はフィットファクタが100以上であるとします。

　被検者はテストが行われる少なくとも15分前から、水以外の飲食、タバコ類、チューインガムなど、味覚に影響を与える行為を控える必要があり、さらに味覚を検知することには個人差があるため、フィットテスト前に味覚の確認が必要となります。

　なお、テスト中は口呼吸をすることになります。

【定性的フィットテストの動作】　立った状態で

1 通常の呼吸（1分）　　**2** 深呼吸（1分）　　**3** 頭を左右に回す（1分）
● ゆっくりと
● 左右の位置で息を吸い頭を動かしている時に息を吐く

● ゆっくりと
● 上下の位置で息を吸い頭を動かしている時に息を吐く
4 頭を上下に動かす（1分）

100、99、98、97…

7 通常の呼吸（1分）　　**6** つま先に触れるように繰り返し前屈（1分）　● 無理をしない　　**5** 発声（1分）

4 記録

　フィットテストの結果は次の項目を記録します。事業者は結果の記録を3年間保存する必要があります。

◆フィットテストの実施日
◆被験者の氏名
◆呼吸用保護具のメーカー名、
　型式（製品モデル名）、サイズ
◆フィットテストの合否および
　総合的なフィットファクタ
◆フィットテスト実施者の氏名および所属

フィットテストの記録表（例）

実施日	年　　　月　　　日
被験者名	
呼吸用保護具 （メーカー、型式、サイズ）	
計測装置（メーカー、品名）	
合否	
フィットファクタ	
フィットテスト実施者名	
備考	

参考資料：『呼吸用保護具フィットテスト実施マニュアル』公益社団法人日本保安用品協会、2021年

金属アーク溶接等作業者のための

マスクフィットテスト

令和3年8月27日　第1版第1刷発行
令和5年3月3日　　　　第4刷発行

編　者　中央労働災害防止協会
発行者　平山　剛
発行所　中央労働災害防止協会
　〒108-0023　東京都港区芝浦3丁目17番12号　吾妻ビル9階
　販売／TEL：03-3452-6401
　編集／TEL：03-3452-6209
　ホームページ　https://www.jisha.or.jp
印刷・製本　モリモト印刷株式会社
デザイン・イラスト　株式会社アルファクリエイト
◎乱丁、落丁本はお取り替えします。
©JISHA 2021　21621-0104
定価：220円（本体200円＋税10%）
ISBN978-4-8059-2004-6　C3060　¥200E